Émile Blanchard

I0478366

La Voix chez l'homme et chez les animaux

Le savoir
en poche

ISBN : 978-1547063048

10 9 8 7 6 5 4 3 2 1

Émile Blanchard

La Voix chez l'homme et chez les animaux

Le savoir
en poche

Table de Matières

Introduction

L'homme jouit de la parole, et il en use dans de larges limites ; au contraire, l'animal le plus intelligent ne possède la faculté ni de désigner des objets, ni de traduire des sensations au moyen d'un langage articulé. Sous ce rapport, entre l'homme et la bête, la démarcation est saisissante. Elle a été invoquée à toutes les époques comme preuve du rang exceptionnel de l'humanité au sein de la création. Le physiologiste reconnaît cependant chez divers animaux une voix articulée. Des mammifères émettent des voyelles et des consonnes, mais c'est une syllabe invariablement répétée. Mieux partagés que les mammifères, des oiseaux chantent et ils ont un petit vocabulaire : le chardonneret prononce plusieurs mots qui reviennent sans cesse dans les moments de joie ; il a un mot pour témoigner sa mauvaise humeur, un mot encore pour donner un avertissement. Ce sont de pâles vestiges de la parole, remarquables témoins de l'unité d'un phénomène dont les gradations sont absentes.

Certains animaux vivent en société, d'autres voyagent en troupes ; au milieu de telles réunions, se constitue bien évidemment une sorte de langage propre à établir le concert entre les individus. Occupés à bâtir une cabane, les castors réussiraient-ils à se partager le travail en vue d'une œuvre parfaitement ordonnée, s'ils n'avaient la facilité de s'entendre ? La marmotte, en sentinelle, pourrait-elle avertir ses compagnes d'un danger, sans un signal dont l'interprétation ne reste jamais douteuse dans ce petit monde ? Au temps où les hirondelles ont coutume d'émigrer, quelques-unes, avant les autres, paraissent songer à l'accomplissement du voyage périodique ; elles se rassemblent et jettent des cris d'appel ; dans toutes les directions, elles volent à la recherche des individus qui folâtrent sans souci du prochain changement de température. N'est-il pas clair que les gentils oiseaux savent se dire : C'est l'instant du départ ?

Peut-être composé à l'aide d'inflexions de la voix, le langage des animaux ne traduit sans doute que des impressions et des idées fort simples. Faute de le comprendre, il demeure pourtant impossible d'en apprécier soit l'étendue, soit le véritable caractère. Des personnes se montrent habiles à contrefaire les cris, le sifflement, le chant des oiseaux ; avec une surprenante exactitude, elles reproduisent les sons, mais c'est un pur ramage. Plus habiles encore à imiter la voix humaine, des oiseaux captifs acquièrent la parole, et c'est en manière d'amusement que mille fois ils disent les mots dont ils doivent toujours ignorer le sens ; — bien rares en effet sont les circonstances où l'on croit reconnaître dans la phrase lancée par l'habitant d'une cage l'expression d'un désir. L'homme et le chien, unis par la plus étroite amitié, ne parviennent à s'entendre qu'au moyen d'une sorte de pantomime. Le chien finit par comprendre quelques mots de son maître, l'homme quelques jappements de son fidèle ami ; c'est le plus beau résultat d'une longue association. Il semble que, par une volonté suprême, un obstacle insurmontable se trouve mis à toute communication intime entre les hommes et les bêtes.

Vraisemblablement les animaux dont l'organisation se rapproche le plus de celle de l'homme manquent à la fois de la faculté de produire un ensemble de sons articulés et de l'intelligence qui permet d'attacher à des mots un sens strictement déterminé. Jamais singe n'apprit à parler. A l'époque actuelle, de l'étude comparative des particularités de l'organisme et des conditions de la vie des êtres animés, une lumière a jailli. De nos jours, on peut dire avec assurance. : la créature pourvue d'un instrument ou d'un organe soumis à la volonté, naît avec l'instinct défaire usage de l'organe ou de l'instrument dont elle dispose ; conduite par l'intelligence, elle en fera un emploi plus ou moins heureux. De même que chez les individus, les organes ne présentent pas une conformation également parfaite, l'intelligence se manifeste en telle ou telle rencontre d'une manière assez terne ou d'une façon éclatante. Aussi voit-on pareil instrument rendre un office étonnamment variable. Les dons naturels et l'exercice que dirige un esprit délicat et observateur procurent d'immenses avantages. Tous les hommes ont un appareil vocal ; pour la parole ou pour le chant, ils s'en servent la plupart avec un succès qui suffit aux exigences ordinaires ; de rares privilégiés réussissent à en tirer de merveilleux effets. En vérité, le mécanisme de la voix mérite d'être connu de tout le monde ; personne n'est absolument désintéressé dans l'affaire. À l'égard de l'homme, on sait aujourd'hui d'une manière très certaine comment la parole et le chant sont engendrés. Un moyen de voir le jeu des différentes parties du larynx ayant été découvert, médecins rêvant un triomphe dans l'art de guérir, physiologistes tourmentés du désir d'expliquer les phénomènes, chanteurs avides de pénétrer les secrets des plus beaux talents, se sont livrés à de patientes recherches. Les résultats d'une foule d'investigations ont été annoncés, la science a reçu de nouvelles clartés. Un observateur plein de sagacité, qui autrefois sut mettre en évidence de minutieux détails de la structure des organes respiratoires, M. le docteur Mandl, voué depuis longtemps à l'étude du larynx, a suivi mieux que personne les opérations de l'appareil vocal dans toutes les phases de son activité [1]. Il envisage maintenant la possibilité de rendre compte de la voix des grands animaux. D'autre part, nous espérons apprendre bientôt par suite de quelles particularités organiques les oiseaux deviennent capables de parler, habiles à chanter. Entre des conditions de la vie, des facultés de l'ordre physique et des facultés de l'ordre psychologique, les relations ne tarderont pas sans doute à se révéler.

Section I

Au sein des sociétés ennoblies par une haute culture intellectuelle, des esprits d'élite se sont plus ou moins préoccupés de l'explication des phénomènes de la nature. Chez les anciens, un effort énergique se produisit en vue de dévoiler l'organisation humaine. Les penseurs avaient certainement beaucoup médité sur la source de la parole et du chant. Le désir de bien connaître l'instrument de la voix s'empara de l'âme des investigateurs. A cet égard, le doute est impossible. Galien, le dernier et le plus célèbre des médecins de 1 ? antiquité, a tracé la description du larynx, et cette description est l'œuvre d'un maître convaincu de l'extrême intérêt du sujet qui l'attache. Depuis l'époque de la renaissance, les anatomistes ont voulu préciser les moindres détails, les physiologistes s'éclairer par des expériences. Ainsi tout était préparé pour des découvertes le jour où l'on put avoir devant les yeux le spectacle des actions de l'instrument dont joue le chanteur. Il serait difficile, sans une certaine connaissance de l'appareil vocal, de comprendre le mode de production des sons. Le programme des études classiques se trouvant en retard de quelques siècles, il convient de rappeler les traits essentiels de la conformation de la partie des organes respiratoires où se forme la voix.

De la poitrine s'élève jusque vers la région moyenne du cou la trachée-artère qui établit le passage de l'air entre la bouche et les poumons. Tuyau garni de cercles cartilagineux, la trachée-artère se partage à son extrémité inférieure en deux conduits bientôt divisés et subdivisés en rameaux nombreux ; ce sont les bronches, qui aboutissent aux cellules pulmonaires. Au sommet du tuyau, dressé à la manière d'un chapiteau sur le fût d'une colonne, se montre le larynx sous l'apparence d'une boîte anguleuse. Des cartilages unis par des ligaments assurent une résistance considérable à la paroi du larynx, qui est revêtue à l'intérieur d'une membrane muqueuse concourant à former des replis qu'on appelle les cordes ou mieux les lèvres vocales. Par l'action de muscles particuliers, ces replis s'écartent, s'allongent, se raccourcissent, se tendent, et de la sorte naissent des sons différents. Les cartilages sont au nombre de quatre : deux occupent la face antérieure de la boîte, les deux autres les parties latérales. Dans l'âge avancé, ces lames s'ossifient ; alors la souplesse du larynx se trouve fort amoindrie, la voix perd le pouvoir des modulations qu'elle avait au temps de la jeunesse. Un des cartilages apparaissant sous la forme d'un anneau s'élève beaucoup en arrière ; solidement fixé sur le premier cercle de la trachée, il sert de support aux diverses pièces dont se compose le larynx. La plus grande de ces pièces, comme un bouclier, protège en avant l'appareil vocal ; profondément échancrée, les bords rabattus de l'échancrure font sur la ligne médiane une saillie faible chez les femmes, plus ou moins accusée chez les hommes. Chacun en marque la place et appelle la proéminence la *pomme d'Adam*. Implantés sur la pièce annulaire à la partie postérieure de la boite laryngienne, les cartilages latéraux affectent la figure de petites pyramides triangulaires à surface inégale ; légèrement courbés au sommet, ils supportent une petite lame corniculée dont l'apparence aux yeux des anciens anatomistes était celle d'un bec d'aiguière [2]. Très mobiles, les cartilages latéraux jouent un rôle considérable dans l'émission de la voix.

Le larynx peut se déplacer dans une certaine mesure. Maintenu à l'os de la langue au moyen d'une membrane renforcée de ligaments, il s'élève sous l'action de muscles fixés à l'os de la langue et insérés d'autre part à la face externe du cartilage en bouclier ; il s'abaisse sous l'effort de muscles ayant leurs attaches au même cartilage et au sternum. L'appareil vocal se trouve encore entraîné dans les mouvements du pharynx et de la langue, ainsi que dans les mouvements respiratoires. Plus ou moins mobiles, les pièces solides du larynx changent de position par le jeu de faisceaux musculaires allant de l'une à l'autre. Des faisceaux qui partent du cartilage annulaire font basculer en avant le cartilage en bouclier et ce renversement contribue à produire la tension des lèvres vocales. Des muscles qui montent de la pièce annulaire et de la pièce en bouclier déterminent une rotation des cartilages latéraux et modifient les conditions des cordes vocales. Enfin des faisceaux allant d'un cartilage latéral à l'autre, s'ils viennent à se contracter, rapprochent les deux lames et rétrécissent l'orifice d'où l'air s'échappe.

A l'intérieur, le larynx, garni d'un tissu fibreux, est revêtu d'une membrane muqueuse en parfaite continuité avec celle de la bouche.

Deux paires de ligaments qui courent du cartilage en bouclier aux cartilages à bec d'aiguière divisent la cavité. La portion inférieure est limitée par la voûte que forment de gros replis de la membrane muqueuse. La portion moyenne est marquée par la présence des replis que soutiennent les ligaments. Ce sont les cordes vocales, dont le rôle est prépondérant dans l'acte de la phonation. Pareilles à des bandelettes, les cordes supérieures occupent les deux côtés. Fort épaisses, les cordes inférieures ou les véritables lèvres vocales placées au-dessous des premières, les dépassent considérablement vers la ligne médiane [3]. Elles bordent l'orifice que l'on appelle la glotte ; cette ouverture, fente triangulaire dans l'état d'inertie, est à chaque instant variable dans ses contours et dans ses dimensions par l'effet de la respiration et de l'émission de la voix. On s'est étonné de l'emploi du mot de *glotte*, qui signifie une langue ou une languette, pour désigner un trou ; c'est le résultat d'une étrange confusion. Les anciens reconnaissaient dans le larynx « des organes comparables aux anches que l'on trouve dans les flûtes ; les parties situées à droite et à gauche, qui se réunissent de manière à s'adapter l'une à l'autre et à fermer le conduit [4]. » Une époque vint où l'on a pris le nom des replis qui bordent l'ouverture pour le nom de l'ouverture elle-même. L'erreur a été consacrée par l'usage des siècles ; néanmoins reste-t-il préférable d'appeler, comme le veut M. Mandl, l'espace compris entre les lèvres vocales l'orifice de la glotte ou l'orifice glottique. La portion supérieure du larynx est le vestibule qui communique directement avec l'arrière-bouche. Au-dessus de l'entrée du vestibule, en arrière de la langue, une lame fibro-cartilagineuse très mobile parait défendre le passage ; c'est l'épiglotte [5]. Conservant une position verticale dans les circonstances ordinaires, elle n'apporte nul obstacle à l'introduction ou à la sortie de l'air. Abaissée, elle s'applique sur l'ouverture, qu'elle déborde en général d'une manière très sensible, Par l'expérience personnelle, chacun connaît la terrible sensation produite par le corps qui pénètre dans les voies respiratoires. La victime d'un tel accident tousse, pleure, étouffe, et s'écrie : « J'ai avalé de travers. » Selon toute apparence, l'épiglotte se couche et ferme le passage pendant la déglutition, mais on doute encore ; il est impossible de voir l'acte s'accomplir, et l'on donne la preuve que les liquides mouillent sans inconvénient les cordes vocales.

Comme toutes choses, le larynx présente des différences individuelles fort notables. Un beau développement est l'indice de la force et de la gravité de la voix. Dans l'enfance, l'appareil ne change guère ; à l'époque de l'adolescence, l'accroissement se fait avec une sorte

Émile Blanchard

de soudaineté que dénote une passagère altération de la voix, médiocre chez les jeunes filles, très prononcée chez les jeunes garçons. Dans l'ensemble et d'une façon indépendante de la taille des individus, le larynx reste plus petit chez la femme que chez l'homme. Il a des angles moins saillants, des muscles plus faibles, des cartilages plus minces et plus souples ; les sons aigus que donne l'instrument rendent témoignage de ces particularités de conformation. Malgré des vues générales très positives, on n'est pas encore parvenu néanmoins à déterminer les caractères de la voix d'après la simple inspection du larynx, car il nous manque la possibilité de comparer dans tous les détails les instruments dont on connaît les qualités bonnes ou mauvaises.

L'appareil vocal se complète par les cavités où se font les résonances : le pharynx, que les bonnes gens appellent le gosier, la bouche, les fosses nasales. La cavité pharyngienne, où se trouvent l'entrée de l'œsophage et l'orifice du larynx, se confond avec la cavité buccale : une boîte merveilleusement disposée pour l'articulation forme et dimensions varient avec une entière facilité. Les joues sont des parois qui s'affaissent ou se gonflent au moindre effort ; les lèvres, qui limitent l'ouverture antérieure, ont une mobilité parfaite, la langue se déplace dans tous les sens ; en arrière, le voile du palais détaché de la voûte est souple et contractile. Ce voile, simple repli de la membrane muqueuse, descend à la manière d'une cloison séparant la cavité buccale de la cavité pharyngienne, puis il remonte vers les fosses nasales de façon à intercepter le passage ; — un appendice le termine, c'est la luette. Ne remplit-il pas exactement son office, la voix prend un caractère particulièrement désagréable, elle est nasillarde. La bordure de dents a son rôle dans la parole ; une brèche faite au rempart, la prononciation devient défectueuse, l'air s'échappe par l'espace resserré et produit un sifflement.

Les dispositions de l'ensemble de l'appareil vocal se trouvant étudiées, en l'absence de moyens d'observation directe on eut recours à une infinité de stratagèmes pour entrevoir le jeu des organes et expliquer le mécanisme de la production de la voix. C'est une lutte contre d'incroyables difficultés où l'esprit humain, sans obtenir une victoire complète, se montre avec honneur. Des savants parvinrent à formuler des théories qui approchent de la vérité ; néanmoins ces théories, impuissantes à conjurer l'erreur, à écarter des incertitudes comme à exprimer toute la vérité, ne sont plus aujourd'hui que les monuments d'une période scientifique déjà vieille.

Galien, comparant l'organe de la voix à la flûte à double anche, reconnaissait dans les lèvres vocales la partie sonore. Fabrizio d'Acquapendente, l'illustre professeur de l'université de Padoue, attribuant aussi à la glotte l'émission de la voix, pensait que les sons graves ou aigus ont pour cause la dilatation ou le rétrécissement de l'orifice. Un membre de notre ancienne Académie des sciences, Dodart, soutenait que le ton dépend des vibrations plus ou moins nombreuses des cordes vocales. Ferrein, l'un des anatomistes célèbres du xvrae siècle, eut l'idée de faire rendre des sons au larynx d'un cadavre, en soufflant par la trachée-artère, et il déclare les lèvres de la glotte capables de trembler et de sonner à la manière des cordes d'une viole. Les auteurs se succédant donnaient une opinion sans mettre en lumière aucun fait propre à la justifier. Magendie, le physiologiste qui entendait ne prendre souci que de son expérience personnelle, entreprit des recherches sur des animaux vivans ; la glotte mise à découvert, il vit les lèvres vocales entrer en vibration pendant le cri ; il s'assura que les lésions des parties supérieures du larynx n'empêchent nullement la voix de se produire. Savart, le physicien qui s'est illustré par de brillants travaux sur l'acoustique, crut tout expliquer par la comparaison de l'appareil vocal de l'homme avec un tuyau d'orgue. Un auteur allemand, Lehfeld, insista sur l'effet particulier des cordes, lorsqu'elles vibrent en totalité ou seulement au bord libre. Cagniard de Latour imagina de construire des larynx artificiels avec des anches membraneuses. Le physiologiste Jean Müller, après des recherchés très variées, demeura persuadé que « l'organe vocal est une anche à deux lèvres dont les vibrations sont la cause principale du son, — la hauteur se trouvant déterminée par la largeur et par la longueur de l'orifice de la glotte. » Longet, en multipliant les expériences sur l'action des muscles de l'organe vocal, éclaira d'un nouveau jour les circonstances propres à modifier les vibrations. En résumé, après les études des investigateurs qui n'avaient jamais vu le larynx d'un homme vivant, un fait capital était mis hors de doute. On pouvait dire en toute certitude : la voix se forme dans la glotte ; les preuves sont concluantes, car, si une ouverture est pratiquée dans la trachée-artère, la voix cesse ; elle reparaît lorsqu'on bouche l'ouverture, elle persiste malgré des déchirures aux parties supérieures du larynx, elle est abolie par la lésion des nerfs dévolus aux petits muscles, qui changent la configuration de la glotte et tendent les lèvres vocales.

A côté de vérités désormais incontestables, combien de questions encore, demeurant indécises, venaient exciter l'amour de la recherche ! La pensée de découvrir un moyen de voir le larynx agissant dans la plénitude de ses facultés obsédait certains investigateurs. L'idée de l'observation directe était inséparable de l'espoir d'obtenir quelque brillant succès et de montrer en défaut l'esprit le plus ingénieux, le plus pénétrant, qui, d'après de simples indices, s'est appliqué à rendre compte des opérations d'un mécanisme compliqué. L'idée s'annonça dès la fin du siècle dernier ; médecins et chirurgiens se préoccupaient de la reconnaissance des affections de l'appareil vocal. On recourut aux miroirs, mais les premières tentatives n'amenèrent pas de résultats dignes de sérieuse attention. Durant une cinquantaine d'années, on ne constate que des essais malheureux ; la prétention d'examiner l'intérieur d'un larynx vivant commençait à paraître une chimère. Tout à coup une inspiration surgit dans la tête, d'un maître de chant dont le nom réveille chez de vieux amateurs de musique des souvenirs toujours pleins de charme. Ce maître est M. Manuel Garcia. Ignorant de toutes les peines qu'on s'était déjà données en vue de l'inspection de l'appareil vocal, M. Garcia conçoit la pensée d'observer sur lui-même les mouvements des organes pendant l'acte du chant. Il prend un petit miroir porté sur une longue tige et l'applique sous la luette, puis, éclairant d'un rayon de soleil un autre miroir tenu à la main, il voit en entier son propre larynx. En extase devant l'image, il ne songe plus qu'à poursuivre une étude qui sera d'un nouveau genre. Le procédé d'investigation tant de fois rêvé était découvert. Sous les climats du nord, dès l'automne, le soleil ne prête guère son concours aux expérimentateurs. M. Garcia, se trouvant à Londres fort gêné par les brouillards, chercha le salut dans la lumière artificielle ; l'épreuve ne fut pas heureuse. N'ayant alors d'autre ressource que de profiter de chaque embellie du ciel, l'observateur s'en contenta, et bientôt il reconnut comment se produisent les sons isolés, par quel mécanisme se forme là gamme. En 1855, la Société royale de Londres recevait communication du résultat de ces curieuses études sur la glotte d'un homme vivant [6].

Un nouveau moyen de recherche imaginé, les personnes faiblement dominées par des préoccupations particulières s'en emparent au plus vite. Elles comprennent qu'il suffira d'en varier l'application pour réaliser, sans beaucoup d'effort et sans grand talent, de notables découvertes. Le procédé de M. Garcia eut la fortune de faire éclore de divers côtés un zèle plein d'ambition. A Vienne, on déploya tout d'abord une extrême activité ; le succès fut loin de répondre aux espérances. Les caprices de la lumière solaire, les défauts de la lumière artificielle désespéraient les observateurs. Pour réussir, il fallait à tout prix perfectionner les moyens d'éclairage. M. Garcia s'était servi comme réflecteur d'une glace plane ; le professeur de physiologie de Pesta, J. Czermak, prenant exemple sur l'instrument destiné à l'inspection des yeux, l'Ophthalmoscope, eut recours au miroir concave qui concentre la lumière. Dès ce moment, l'étude de l'appareil vocal de l'homme à l'aide du laryngoscope fut assurée. Longtemps encore néanmoins les expérimentateurs purent s'ingénier pour obtenir de beaux effets d'intensité lumineuse par la combinaison de lentilles de verre [7].

Czermak, qu'un long exercice avait rendu fort habile dans la manœuvre de son propre larynx, alla, muni d'un bon instrument, dans les principales villes d'Allemagne ; ses démonstrations intéressèrent au plus haut degré les médecins et les physiologistes. Le professeur de Pesth vint à Paris en 1860, et il émerveilla nombre de membres de nos compagnies savantes. Il montrait sur lui-même non-seulement le larynx en totalité, mais aussi l'intérieur de la trachée-artère jusqu'à la bifurcation, spectacle bien fait pour étonner ceux qui le contemplent pour la première fois. On n'examine pas avec une égale facilité l'organe de la voix sur tous les individus ; l'homme d'expérience est un sujet autrement favorable que l'homme soumis à une sorte de contrainte. Le docteur Mandl et le docteur Krishaber font preuve d'un talent hors ligne dans l'exécution de tous les mouvements possibles du larynx. En divulguant une méthode appelée à devenir féconde dont il enseignait la pratique, M. Czermak oubliait un peu qu'il n'était pas l'inventeur ; le baron Larrey mit une noble énergie à revendiquer pour M. Garcia l'honneur de la découverte. Maintenant la part de chacun ne reste douteuse pour personne ; le physiologiste de Pesth a perfectionné l'outillage et il a instruit. Les observations se sont multipliées, et aujourd'hui la manière dont l'appareil vocal fonctionne pour engendrer ou le chant ou la parole se trouve pleinement dévoilée. Tandis que se poursuivaient les études sur le larynx, le phénomène de la voix s'est éclairé d'un nouveau jour par les travaux de M. Helmholtz sur la formation des sons.

Section II

Lorsque sous les grandes voûtes l'orgue se fait entendre on en reçoit une impression profonde. Nulle autre musique n'imitant au même degré la voix humaine, on peut se croire entraîné dans une communion de sentiments de l'âme. Entre le bel instrument des églises et l'appareil vocal de l'homme, la comparaison s'impose. L'orgue a une soufflerie, nos poumons chassent l'air, — un porte-vent, notre trachée-artère en remplit l'office, — des lames vibrantes, nos lèvres glottiques ont une fonction analogue, — des cavités de résonance, notre pharynx et notre bouche répondent au même besoin. Néanmoins combien reste grande la supériorité de l'instrument naturel sur l'instrument construit à l'aide d'ingénieux artifices ! A l'orgue, pour produire la diversité des sons, il faut une multitude de tuyaux ; il suffit d'un seul pour engendrer la parole et le chant, mais c'est un merveilleux tuyau, susceptible de continuelles modifications qui le rendent propre à satisfaire aux exigences les plus variées. — Il y a une double anche et un résonateur. L'anche, c'est la glotte : le passage de l'air plus ou moins resserré, les lèvres vocales plus ou moins tendues et vibrantes, les sons se forment graves ou aigus. Le résonateur, c'est la bouche : les dispositions de la cavité changent presqu'à l'infini, et les sons sortent purs ou demeurent étouffés, brisés, de façon à donner des effets d'une prodigieuse diversité.

Des impressions particulières affectent chacun de nos sens ; à l'organe de l'ouïe, il appartient de percevoir les sons qui se propagent par des ébranlements de l'air : les vibrations. Continues, régulières, isochrones, les vibrations constituent le son musical ; irrégulières, c'est le bruit. Les sons présentent des caractères nettement définis : l'intensité, la hauteur, le timbre. L'intensité est due à l'amplitude des vibrations qui du point d'origine se répandent sous forme de sphères concentriques, comme sur la nappe d'eau tranquille s'étalent, sous forme de cercles, les petites vagues qui naissent du choc d'une pierre. Dans tous les cas, l'amplitude résulte de la force de l'ébranlement initial. La hauteur des sons se détermine par la quantité de vibrations produites dans l'espace d'une seconde ; les vibrations étant peu nombreuses, le son est grave ; très nombreuses, il est aigu. En un mot, moins est longue la durée de chaque vibration, plus est grande la hauteur du son. Le timbre est la qualité ; par le timbre, on distingue les voix : une personne qu'on ne pouvait voir a parlé, aussitôt elle a été reconnue. On entend une musique, des sons de même hauteur frappent l'oreille ; les sources ne restent pas un instant douteuses ; par le timbre, violon, flûte et clarinette se trouvent dénoncés. Les différences viennent de la forme des vibrations ; on le prouve par des expériences concluantes. Qu'il s'agisse des mouvements d'un pendule ou d'un diapason, la vibration qui est simple, tracée d'une manière automatique, donne pour chaque timbre une ligne caractéristique. Qu'au moyen de l'oreille, devenue très sensible par un long exercice, on s'applique à reconnaître les diverses formes d'ondes, outre le son fondamental, on perçoit des sons plus élevés : les harmoniques... Dessinées par le style, les formes des vibrations représentent des ondes qui s'ajoutent les unes sur les autres. Ainsi la plupart des sons se composent d'un son fondamental et d'harmoniques. Les résonateurs imaginés par M. Helmholtz, qu'on accorde pour une note déterminée, rendent l'analyse par l'oreille plus parfaite. Le résonateur est une petite sphère creuse à deux tubulures ouvertes ; l'une conique, afin d'être mise en rapport avec la membrane du tympan. Le son fondamental de la sphère, beaucoup plus grave que les autres, se trouve considérablement renforcé. De même s'entendent avec facilité, à l'aide de résonateurs appropriés, les harmoniques des sons de la voix humaine. Au nombre et à l'intensité des harmoniques, M. Helmholtz attribue la diversité des timbres. Les physiologistes sentent qu'il existe d'autres causes encore impossibles à préciser.

Dans l'état de repos, lorsque la respiration s'accomplit sans effort et avec régularité, les lèvres vocales demeurent presque immobiles ; pendant les alternatives d'inspiration et d'expiration, l'orifice de la glotte ne change pas de forme. Un cri est-il poussé, une parole est-elle jetée au vent, sous le coup d'une inspiration plus profonde, les lèvres vocales s'écartent, l'ouverture s'agrandit. Que l'expiration se trouve ralentie ou suspendue, l'orifice se ferme plus ou moins, suivant l'énergie de l'acte. Au moment d'émettre un son, les cartilages latéraux du larynx se rapprochent, les lèvres vocales se resserrent, se gonflent et viennent se toucher dans leur portion antérieure ou même dans toute leur longueur ; le passage de l'air est intercepté. Soudain s'ouvre l'orifice, en vibrant l'air s'échappe ; brusquement écartées, les lèvres vocales vibrent par le choc, un son retentit : autant d'opérations qui, selon les circonstances, s'exécutent avec force ou avec mollesse. C'est le son glottique, comme l'appelle M. Mandl, qui a éclaté ; isolé, on ne saurait l'entendre, il nous arrive après avoir traversé le pharynx et la bouche, où les vibrations de l'air l'ont modifié. Tout le monde a remarqué le changement qu'apporte aux sons le passage dans un tuyau, en écoutant un homme parler au fond d'un puits ou dans une cheminée. La voix est donc formée de l'association des sons de la glotte et des cavités situées au-dessus du larynx ; inarticulée, lorsque ces cavités demeurent passives, elle devient articulée par l'effet de dispositions particulières.

Le pharynx et la bouche, jouant le rôle de caisses de résonance, produisent des sons aussitôt que l'air qu'elles renferment est mis en vibration par le courant qui émane soit des poumons, soit d'une autre source. On en tient la preuve d'expériences décisives et fort curieuses. En ouvrant la bouche et en ajustant les lèvres comme il convient pour prononcer une voyelle déterminée, mais sans faire le moindre bruit, le diapason qui vibre étant placé devant la bouche, la voyelle est rendue sonore. C'est une démonstration imaginée par M. Helmholtz. Le même résultat s'obtient si, devant la bouche ouverte, on amène le courant d'air d'une soufflerie par un porte-vent dont la fente terminale est étroite. C'est une invention de M. Kœnig. Ainsi les divers sons qui s'appellent des voyelles dépendent tout simplement de la configuration des caisses de résonance : le pharynx et la bouche [8]. Par la seule action de ces cavités, la voix est aphone, — c'est le chuchottement ; elle est sonore aussitôt que vibrent les lèvres vocales. Longtemps, les physiologistes restèrent persuadés que les voyelles même prononcées à voix basse se forment dans la glotte ; la notion précise des phénomènes date de l'époque actuelle.

A cinq, six ou sept on limite en général le nombre des voyelles ; ce sont des types si naturels qu'on les retrouve à peu près dans tous les idiomes. En outre, des intermédiaires, des combinaisons éclosent, sans peine, tant la cavité buccale possède la ressource dé-moduler les dispositions. Il y a encore les intonations nasales dont la langue française offre une désespérante richesse, qui se produisent par l'abaissement du voile du palais [9]. Rien n'empêcherait, dit le cé-lèbre linguiste d'Oxford, M. Max Müuller, que le langage se com-posât entièrement de voyelles [10] ; des dialectes de la Polynésie en fournissent presque l'exemple. de l'exemple est sortie la croyance que la parole primitive est peu articulée, mais les philologues s'accordent aujourd'hui à reconnaître dans ces pauvres idiomes une dégénéres-cence survenue chez des peuples qui n'ont pas le goût de varier les sons ; une manière de parler trop nonchalante fit perdre l'usage des consonnes qui étaient employées à l'origine.

Dans la plupart des langues il existe des aspirations plus ou moins rudes. Peu nombreuses et assez faibles en français, elles sont fré-quentes et assez fortes dans la langue allemande, particulièrement énergiques en arabe [11]. L'aspiration exige le concours de la glotte ; un instant l'orifice se réduit, l'air arrêté par l'obstacle, s'écoulant par une fente étroite, donne le bruit d'un frôlement contre les lèvres vo-cales. En même temps, le larynx en entier s'élève ; les joues et le voile du palais tremblent. Sourde dans les langues européennes, l'aspira-tion devient parfois sonore dans les langues sémitiques [12]. Les sons gutturaux des Arabes étaient le sujet de graves discussions entre les linguistes ; aux controverses Czermack ferma la carrière. Le savant physiologiste ayant fait la rencontre d'un Arabe mit à profit l'occasion pour examiner à l'aide du laryngoscope l'organe capable de rendre une aspiration sonore. Tout fut éclairci : tandis que l'épiglotte s'abaisse, les lèvres vocales se pressent l'une contre l'autre ; l'orifice absolument fermé, le courant d'air heurté contre la voûte détermine une vibration sous l'épiglotte dans la fissure laryngienne.

Les sons engendrés dans la cavité buccale se brisent à l'encontre d'obstacles ; alors naissent les bruits qu'on appelle les consonnes. Quand il s'agit de créer les obstacles, la langue, les dents, les lèvres, le voile du palais interviennent pour une part plus ou moins importante. Aussi on distingue volontiers les consonnes labiales, linguales, dentales, nasales. Nulle classification cependant ne résiste à une sévère analyse ; le jeu simultané des dents et de la langue, des lèvres, de la langue et du voile du palais, le caractère un peu incertain de quelques sons permettent de définir et de grouper les lettres selon des préférences ? on a beaucoup usé de cette permission. D'après l'avis des grammairiens, les consonnes ne peuvent être prononcées qu'avec le secours des voyelles ; devant l'assertion, les physiologistes se sont récriés, les linguistes ont approuvé les physiologistes.

Des consonnes répondent à un souffle, à un sifflement, à un trille ; on les prononce sans accompagnement de voyelles [13] ; c'est le petit nombre, il est vrai. Les labiales se forment surtout par le mouvement des lèvres, le plus facile de tous les mouvements nécessaires pour engendrer la parole. En se fermant avec mollesse ou avec fermeté, la bouche donne le son de deux lettres bien distinctes ; si l'occlusion reste incomplète, une autre lettre se fait entendre [14]. Il est une labiale qui ne saurait se produire sans l'abaissement du voile du palais : elle emprunte le caractère de la consonne nasale par excellence. Que par suite d'un état de maladie le voile du palais cesse de se retirer selon le besoin, voilà deux lettres dont L'usage devient impossible [15], il faut la résonance des cavités nasales. Czermak eut l'idée d'introduire de l'eau dans les narines ; en essayant de prononcer l'une ou l'autre des deux lettres, le liquide se trouvait refoulé par le passage de l'air. Le son des dentales s'obtient par une forte pression de la langue ; les dents fournissent l'appui le plus convenable, mais il peut être remplacé. Si la langue se porte en arrière contre la voûte du palais, elle fait éclater le bruit des gutturales [16].

Toutes ces consonnes se partagent d'une manière assez naturelle d'après le caractère du son ; il y en a de sourdes et d'explosives. L'air

Émile Blanchard

extérieur restant en communication avec l'air expiré, malgré la présence de l'obstacle dressé pour l'articulation, la consonne peut être soutenue aussi longtemps que dure l'expiration [17]. Dans le cas contraire, le bruit ne survient qu'à l'instant où l'obstacle est vaincu ; il y a une petite explosion de l'air [18]. L'épreuve est décisive lorsqu'on fait précéder la consonne d'une voyelle ; elle conduit encore à distinguer nettement entre les consonnes explosives la forme douce et la forme rude [19]. Dans le premier exemple, l'orifice de la glotte demeure étroit, le courant d'air est faible, la bouche étant ouverte, le son persiste encore un moment ; dans le second exemple, la glotte livre passage à une colonne d'air plus forte, le son retentit avec une sorte de sécheresse.

Il est des consonnes que les Anglais appellent des trilles [20] ; elles naissent du souffle régulièrement interrompu par le tremblement des parties molles du palais ou de l'extrémité de la langue. S'agit-il de la trille la plus douce, les bords de la langue causent de simples oscillations de l'air ; de la plus rude, les vibrations produites à la fois par le palais et la pointe de la langue deviennent intenses, c'est le bruit d'un roulement. En le faisant trop sentir, on grasseye. Enfin des sons très ordinaires en anglais, en allemand, dans les idiomes slaves, résultent d'une expiration, et varient suivant les barrières qu'opposent la langue, les dents et les lèvres [21]. Cela ressemble beaucoup à la musique du chat qui jure.

Il est bien prouvé que les sons de la parole se forment dans la cavité buccale selon des procédés qui varient dans de très étroites limites. Des auteurs se livrant sur eux-mêmes à l'étude du mode de prononciation des voyelles et des consonnes se sont attachés à décrire d'une manière très précise les positions que prennent les lèvres, la langue, le voile du palais dans toutes les circonstances ; ils ont donné des images afin de rendre saisissantes les opérations qu'on exécute en articulant des lettres et des syllabes [22]. Un intérêt très réel se dégage des observations, cependant les règles qu'on en tire manquent de la rigueur nécessaire pour devenir indiscutables. Depuis l'enfance, chacun parle sans songer à s'astreindre à mouvoir les lèvres ou la langue d'une façon strictement déterminée ; chacun prend des habitudes particulières. Comme le remarque M. Mandl, des bruits presque identiques se produisent avec différentes positions. Une personne a perdu toutes les dents, elle modifie le jeu des lèvres et de la langue et réussit encore à s'exprimer d'une manière intelligible. Tel acteur imite la voix d'hommes connus au point de faire l'illusion la plus complète. En altérant le timbre, la voix paraît sortir d'une caverne ; c'est l'art du ventriloque. On a vu des gens qu'un malheur avait privés d'une bonne partie de la langue tenir la conversation ; on n'affirme pas qu'il fût agréable de les entendre. Des oiseaux n'éprouvent aucune impossibilité à émettre les sons qui de notre part exigent l'usage des lèvres. En un mot, rien n'est absolu dans les actes qui engendrent la parole ; néanmoins en général les mêmes organes n'agissent pas très différemment pour obtenir les mêmes effets. Il est aisé de s'en convaincre : les sourds de naissance qui ont cessé d'être muets interprètent les mouvements de la bouche avec une sûreté incroyable, ils voient la parole de l'interlocuteur. Un semblable phénomène montre bien que parmi nous il existe seulement des nuances dans le mode d'articulation. Depuis des siècles on cite comme phénomène des sourds-muets sachant parler. Au moyen âge, on en signalait un exemple du à la patience et à l'habileté de Beverley, l'archevêque d'York. Au XVIe siècle, le savant universel, Jérôme Cardan, dissertait sur la possibilité d'enseigner l'usage de la voix aux sourds de naissance. Vers la même époque, le moine espagnol Pedro de Ponce était, selon une épitaphe, célèbre dans le monde entier pour son aptitude à faire parler les muets. Il avait eu pour élèves deux frères et une sœur du connétable de Castille, Pedro de Velasco, et le fils du gouverneur de l'Aragon, Gaspar de Guerra. Plus tard, Juan Pablo Bonet traitait dans un ouvrage, qui est le plus vieux livre que l'on connaisse sur le sujet, de l'art de donner la parole aux muets [23]. En Angleterre, en Hollande, en Allemagne, cet art fut mis en pratique avec plus ou moins de bonheur ; les succès demeurèrent fort isolés et sans doute assez faibles. Vers 1732, un jeune Israélite, venu de l'Estramadure en France, touché de, infortuné d'une personne qu'il aimait, voulut se dévouer à l'enseignement des sourds-muets ; il se nommait Jacob Rodrigues Pereire. Se trouvant à La Rochelle, on lui amène un garçon de treize ans, sourd de naissance ; bientôt l'enfant sut parler de façon à étonner tout le monde. Le résultat faisait du bruit dans la ville ; un des grands-fermiers avait un fils sourd-muet, Pereire se charge de l'instruire. Après seize mois d'étude, il présente l'élève à l'Académie des Sciences ; l'assemblée se montre ravie. Plusieurs membres entreprennent un examen sérieux, et, le 9 juillet 1749, Buffon déclare que le jeune homme a répondu aux questions, « tant par l'écriture que par la parole. » A la cour de Louis XV, on tint à voir cette merveille ; l'admiration fut générale. Le duc de Chaulnes avait un filleul privé de l'ouïe, un enfant d'une douzaine d'années ; il le confie au maître. Fort intelligent, l'élève, Saboureux de Fontenay, qui plus tard acquit une certaine célébrité, profita vite des leçons ; soumis au sein de l'Académie des Sciences à divers exercices, il causa plus d'une surprise, aussi le rapporteur conclut « que M. Pereire a un talent singulier pour apprendre à parler et à lire aux sourds et muets de naissance. » Pensionné du roi, honoré des marques d'estime d'illustres personnages, Pereire poursuivit son œuvre. A nombre de muets il donna la parole, mais il garda sa méthode d'éducation comme un bien personnel. On perdit presque le souvenir de ses brillants succès lorsque l'abbé de l'Épée eut gagné la faveur de toutes les classes de la société en apprenant aux sourds le langage des signes [24]. Pereire avait laissé des élèves qui crurent avec raison rendre hommage au maître en divulguant le mystère de leur instruction ; des notes éparses purent être rassemblées. Il a suffi de chercher un peu pour connaître la méthode tombée dans l'oubli [25]. Au reste, l'enseignement des sourds-muets par la parole se trouvait remis en pratique ; à Genève, M. Magnat obtenait de ce système d'éducation d'heureux résultats. Il vint à Paris accompagné de jeunes gens formés à ses leçons ; ces jeunes gens, absolument sourds, conversaient avec une singulière facilité. Petits-fils et arrière-petits-fils de Jacob Rodrigues Pereire, voyant revivre le prodige qui plus d'un siècle auparavant avait émerveillé la cour et l'académie et donné un lustre à leur aïeul, ont voulu fonder à Paris un établissement où de pauvres êtres que la privation d'un sens condamne à l'isolement viendraient acquérir le moyen de communiquer avec les autres hommes sans le secours de l'écriture. Dans cette maison nouvelle, des enfants de divers âges, au nombre d'une trentaine, fournissent des sujets d'observations curieuses sur le phénomène de la voix et sur l'articulation du langage [26].

Le sourd de naissance reste absolument muet tant qu'il n'est pas façonné à l'usage de la parole ; il ne profère aucun cri. Ses lèvres, sa langue, conservent l'immobilité : sa bouche demeure fermée, son larynx dans un perpétuel repos ; il respire seulement par les narines. Le jour où l'on tente d'amener l'enfant à prononcer la lettre écrite sur le tableau, on croirait l'appareil vocal impuissant à rendre des sons. Le maître indique au petit muet comment il doit ouvrir là bouche, placer la langue et les lèvres ; donnant l'exemple, il attire sur son propre larynx la main de l'enfant de manière à faire sentir le mouvement qui doit être exécuté. D'abord, c'est à peine s'il vient un souffle ; après des exercices sans cesse renouvelés, l'articulation se manifeste comme étouffée ; encore un peu de travail et le son éclate. Le sourd-muet arrive ainsi à prononcer toutes les voyelles et toutes les consonnes. Assez vite, il est parvenu à donner le son des labiales ;

il a eu besoin cependant de beaucoup d'attention pour vaincre la difficulté de distinguer l'une de l'autre sur les lèvres du maître. Un plus long effort a été nécessaire pour assurer le jeu de la langue et l'émission convenable du souffle dans l'articulation des consonnes qui réclament faiblement l'intervention des lèvres. Sachant l'alphabet, le sourd de naissance apprend à dire les syllabes et les phrases tracées sur le tableau. Enfin, il parle et il est intelligible. Il écrit sous la dictée ; les yeux fixés sur la personne qui lui adresse des questions, avec assurance il fait les réponses. De la bouche de son instituteur il saisit tout sans éprouver d'embarras ; obligé d'être plus attentif devant les personnes étrangères, il lit néanmoins avec peu d'hésitation la parole nettement articulée. C'est le signe certain que les mêmes sons se produisent en général par les mêmes artifices. Quel signe encore de la surprenante délicatesse des impressions d'une vue exercée que le spectacle de la lecture sur les lèvres !

La voix des individus privés de l'ouïe, on l'a dit plus d'une fois, n'est nullement harmonieuse ; elle est gutturale, toujours plus ou moins rauque ; elle manque d'inflexions parce que les mouvements des diverses parties de la bouche résultent d'efforts trop strictement déterminés. Chez le sourd-muet, l'organe semble obéir d'une manière imparfaite à la volonté ; il rappelle le jeu d'une machine. Tout le monde sait en effet qu'à des automates on prête une sorte de langage ; le moyen est assez simple et néanmoins fort curieux. Une anche libre, ajustée dans une cloison reposant sur un sommier acoustique, parle sous l'influence d'un courant d'air. Un tuyau pyramidal est-il adapté à la cloison, le timbre change, la main étant appliquée sur l'extrémité ouverte du tuyau, le son donne l'idée de la voix humaine. Que deux fois la main s'élève et s'abaisse avec rapidité, le mot *maman* résonne comme s'il était prononcé par un enfant [27]. Lorsqu'on ajoute à une série d'anches munies de tuyaux convenablement accordes des membranes susceptibles de rendre le bruit des consonnes, l'instrument imite la parole, au moins dans une faible mesure. Au siècle dernier furent construites des machines parlantes qui excitèrent l'admiration. A Vienne en Autriche, Wolfgang von Kempelen présenta un automate qui eut un succès d'éloquence [28]. Ces résultats cependant ne conduisirent pas à l'explication du véritable mécanisme de la voix humaine. Des sons que représentent les lettres de l'alphabet, voyelles et consonnes, existent dans tous les dialectes du monde. Aux yeux de certains linguistes, c'est l'indice d'une communauté d'origine ; pour les naturalistes, c'est l'effet inévitable des actes de l'organe dont la conformation varie d'une manière à peine sensible entre les races qui se partagent la terre. Les différents idiomes se montrent néanmoins pauvres ou riches d'intonations. A cet égard, si les langues des nations barbares sont au dernier degré, celles des peuples parvenus à la plus haute civilisation ne tiennent pas nécessairement le premier rang. L'hindoustani se distingue par une abondance de consonnes sans égale ; les langues sémitiques l'emportent sur le grec et le latin comme sur les langues modernes de l'Europe ; les dialectes de la Polynésie fournissent l'exemple de la plus grande misère. On rapporte que les Hurons et les Mohawks de l'Amérique septentrionale, qui par habitude tiennent constamment la bouche ouverte, ne connaissent pas l'usage des labiales, ces articulations pour nous si naturelles que volontiers on les supposerait venir d'instinct aux plus jeunes enfants. Divers peuples évitent l'emploi des lettres sifflantes ou des trilles [29] ; d'autres n'admettent point de gutturales. Il y a nombre d'années, les préférences pour la rudesse ou pour la douceur du langage nous semblèrent attester que ni les organes de la voix, ni les perceptions auditives, ne sont absolument identiques dans toutes les races d'hommes [30] ; les observations et les expériences si multipliées à l'époque actuelle donnent une nouvelle force à cette probabilité. Plus de lumière ne saurait jaillir que d'études comparatives de l'ordre physiologique. On sait combien est invincible la difficulté de rendre certains sons d'une langue étrangère ; aussi, toujours les mots s'altèrent en changeant de patrie. Les Chinois substituent invariablement au trille rude le trille doux [31], et cette substitution est habituelle chez d'autres peuples. Les nations polynésiennes remplacent les dentales par des gutturales [32], et les missionnaires qui se font les instituteurs de la jeunesse des îles Hawaï ont du renoncer à obtenir les sons que nul individu ne parvient à émettre. Il n'est guère plus facile de bien entendre que de bien imiter les articulations étrangères à sa propre langue ; presque jamais les voyageurs ne rapportent de la même manière les noms recueillis de la bouche des indigènes. Différences de la voix, différences de perception auditive, dépendent-elles un peu de l'organisme, beaucoup de la première éducation ? On est tenté de le croire. Jusqu'à présent très restreintes, les expériences et les observations n'ont pas encore fait luire la vérité scientifique.

Les mots se forment de la combinaison des voyelles et des consonnes ; la voix les exprime : c'est la parole, le langage que règle d'abord une convention, ensuite la grammaire. La prononciation résulte de l'émission des sons articulés ; elle se maintient d'ordinaire entre des limites de hauteur comprises dans l'étendue d'une demi-octave. En général, le son s'élève ou tombe un peu à la fin des

phrases, donnant l'accent ou marquant soit l'affirmation, soit l'inter-
rogation. Le plus souvent l'homme parle dans le registre inférieur,
l'enfant et la femme dans le registre supérieur, mais il y a de nombreuses exceptions.

Si tout le monde use de la parole, ce n'est certes ni avec la même
aisance, ni avec le même agrément. La voix est faible ou puissante ;
la manière dont fonctionnent les organes respiratoires en décide.
Le timbre est aigre, rude, doux, harmonieux ; la conformation des
cavités de résonance en est la cause. Bien ou mal partagé, chacun
doit garder le timbre de voix qu'il tient de la nature. Il est possible
cependant d'en améliorer les effets par une surveillance habituelle
de l'oreille, par une observation soutenue, enfin par l'éducation. La
parole ne coule pas de la source avec un égal bonheur ; l'esprit en est
le maître, et beaucoup plus que les aptitudes physiques, les qualités de l'esprit diffèrent suivant les individus. Ceux-ci s'énoncent sans
embarras, la pensée est ferme ; ceux-là semblent arracher les mots et
les phrases, la pensée est vague, trouble, indécise. Que la personne
ne sache se défendre d'une sorte de contrainte, elle bredouille, elle
bégaie. Autrefois on supposait l'appareil vocal affecté de graves défauts chez les bègues ; il n'en est rien. L'infirmité vient d'un esprit qui
chancelle ; elle peut être guérie ou atténuée par des efforts réglés.
Une statistique nous apprit un jour que la Provence, le Languedoc,
la Guyenne, sont du nombre des contrées de la France où le bégaiement est le moins rare [33]. Ce fut un étonnement, — on croit toujours
qu'il suffit de naître au voisinage de la Garonne pour avoir la langue
bien déliée [34].

Dans ce rôle immense d'établir tous les rapports entre les hommes,
la voix suscite aisément des sympathies ou des antipathies ; c'est
que, mieux encore que les paroles, elle semble révéler les véritables
sentiments intérieurs. Nette, claire, limpide, la voix donne l'idée de
la franchise ; voilée, hésitante, traînante, elle fait craindre la dissi-
mulation ; dure, âpre, sèche, elle paraît dénoncer un mauvais caractère ; douce, harmonieuse, elle touche comme si elle était le souffle
d'une âme bonne, encline à d'infinies délicatesses. Les impressions
que procure la voix en général assez justement ressenties, ont une
influence dans les relations ; pourtant, il ne faut pas trop s'y fier.
La parole peut servir sans doute à déguiser la pensée, mais aussi
l'instrument peut avoir une qualité trompeuse, un défaut qui jette
dans l'erreur. Après les effets de la nature, il y a les effets de l'art. Tel
orateur, dominé par le désir de se faire bien entendre et surtout de
produire une grande sensation, ouvre largement la bouche et tire

des cavités de résonnance tout ce qu'il est permis d'en obtenir ; c'est le ton déclamatoire réprouvé par le bon goût. Que la bouche très ouverte, le souffle vigoureux, les mots retentissent avec éclat, la voix devient impérieuse ; c'est le ton nécessaire de l'homme d'armes qui commande une manœuvre. Des paroles simples en elles-mêmes, lancées d'un ton sec et brusque, prennent un caractère offensant ; personne ne s'y trompe, une vieille formule populaire l'atteste, Que les sons émis avec douceur, un peu de tremblement, une lenteur calculée, tombent par une insensible dégradation, la voix sera peut-être touchante ; on assure qu'il y a des femmes d'une habileté incomparable pour rendre ainsi la prière irrésistible. Les historiens affirment que chez Cicéron, la grâce de la prononciation contribuait singulièrement à donner à ses paroles la force de persuader. L'orateur doué d'un bel organe et possédant l'art de prendre le ton le mieux en harmonie avec la nature des scènes qu'il retrace, avec les sentiments qu'il exprime, avec les passions qu'il agite, causera des tressaillements que n'amènerait jamais le plus magnifique discours sortant d'une bouche inhabile. Par d'heureuses qualités de la voix, l'éloquence devient tout à fait entraînante ; alors c'est l'éloquence qui attire aux lèvres d'Alain Chartier le baiser de Marguerite d'Ecosse, c'est la grande voix de Bossuet faisant, céder la foule à une poignante émotion, lorsque sous les voûtes de Notre-Dame, où se dresse le catafalque de Gondé, elle appelle peuples et princes à « voir le peu qui reste d'une si auguste naissance, de tant de grandeur, de tant de gloire. »

Section III

Non-seulement l'homme crie ou parle, mais encore il chante. Au sein des sociétés que l'éducation soumet à des règles, le chant appartient au domaine de l'art ; on l'écoute sans jamais le pratiquer. Dans la forme plus ou moins primitive, il ne cesse de se procurée au milieu du monde qui bannit toute contrainte. On n'imagine pas que se plaisent à chanter des personnages dont l'esprit demeure occupé de questions très sérieuses ; on le comprend pour les femmes qui n'ont pas de semblables soucis, et pour les hommes dont la pensée reste inactive pendant les heures de travail. Tous les peuples ont des chants ; le rythme musical procure une sorte d'ivresse, un étourdissement qui fait oublier la fatigue, conjure l'ennui, détache l'âme des réalités pénibles de la vie, et empêche le cœur de faiblir sous la

menace du danger. En marchant au combat, les bandes mal disci-
plinées, s'animent par des chants de guerre ; au soir, les laboureurs
se reposent en jetant aux échos de joyeux refrains. Dans l'atelier, en
accomplissant la besogne monotone, l'ouvrier se distrait avec-une
chanson grivoise, et, dans la chambre solitaire, la jeune fille en ga-
zouillant des paroles d'amour ne s'impatiente plus de tirer mille fois
l'aiguille. Dans les cérémonies du culte divin, les chants graves et
tristes plongent les personnes sensibles en une sorte d'extase, et dans
les concerts où l'art le plus raffiné charme l'esprit, les voix éveillent
tous les sentiments tendres ou passionnés. En vérité, l'instrument
que nous avons décrit exerce une singulière puissance parmi les hu-
mains. Il est beau d'en avoir surpris le jeu que longtemps on crut à
jamais caché aux regards des investigateurs.

Le chant exige de l'appareil vocal une bien autre activité que la parole. Aussi pour l'artiste une excellente constitution physique, une
parfaite régularité des fonctions de l'organisme sont des avantages
inappréciables. Dans l'émission de la voix, il est essentiel que les
mouvements respiratoires s'effectuent sans trouble et sans effort ; ils
doivent être réglés de façon à rendre l'inspiration courte et facile,
l'expiration lente et prolongée. La lutte s'établit entre les organes qui
retiennent l'air et ceux qui le chassent ; elle sera douce dans les conditions d'exercice, de jeunesse et de santé. Chez l'artiste heureusement
doué, ignorant la peine, le larynx conserve la position ordinaire,
malgré les variations d'intensité et de hauteur des sons qui jaillissent.
Entraîné dans les mouvements un peu énergiques de la langue, il
s'élève on s'abaisse sans profit. Fixe dans sa situation, le larynx du
chanteur multiplie les évolutions ; l'agilité, la souplesse de toutes
les parties, ont une influence de premier ordre dans l'ensemble des
qualités de la voix. Les vibrations des lèvres vocales et la résonance
du vestibule déterminent le timbre du son glottique ; -la configuration du pharynx et de la cavité buccale, en modifiant comme il a été
constaté les sons qui se forment dans la glotte, donnent le timbre de
la voix. Les plus énergiques efforts de la volonté ne permettent pas
de le changer d'une manière bien sensible. Des professeurs nuisent à
leurs élèves en prescrivant d'une façon trop absolue les dispositions
de la bouche dont eux-mêmes tirent avantage. Chacun est contraint
d'obéir à la nature, et c'est avec raison que M. Mandl invite les maîtres
à ne jamais l'oublier.

Tous les sons qui peuvent se produire n'affectent pas notre oreille ;
très bas ou très aigus, ils échappent. On marque ordinairement les
limites de nos perceptions auditives aux sons qui s'expriment entre

40 et 40,000 vibrations à la seconde. Des personnes douées d'une extrême sensibilité portent plus loin ces limites, mais elles n'en éprouvent nul agrément ; on sait combien il est pénible d'entendre des sons trop aigus. Le chant résulte de sons modulés que séparent des intervalles harmoniques ; reproduits dans le même ordre, les intervalles marquent des périodes qu'on appelle les gammes. La série entière des sons du grave à l'aigu est l'échelle musicale ; suivant les individus, la voix en parcourt une étendue plus ou moins grande. Dans le langage des musiciens, chaque série de sons consécutifs et homogènes est un registre ; il y a le registre de poitrine, le registre de tête, d'autres encore. Une idée bien étrange s'est propagée : les chanteurs, étant trompés par la résonance de la voûte du palais et par des sensations particulières dues à l'activité de différents muscles ont imaginé que la voix vient tantôt de la poitrine, tantôt de la tête. La voix, qui pourrait maintenant l'ignorer ? s'engendre invariablement dans la glotte. Il convient donc, comme le veut M. Mandl, d'abandonner les termes consacrés par l'erreur, et de les remplacer par les noms de *registre inférieur* et de *registre supérieur*.

Beaucoup plus que la parole, le chant exige des dispositions très précises de l'organe vocal. Au moment de faire éclater le son, l'orifice de la glotte doit être exactement fermé ; l'émission sera bonne, si les lèvres vocales s'écartent dans la juste mesure avec une sorte de soudaineté. Il est intéressant de suivre du regard par le secours du laryngoscope le jeu de l'instrument d'où s'échappent les notes qui se succèdent plus basses et plus hautes. Lorsque se produisent les sons tout à fait graves, l'orifice de la glotte prend la figure d'un ellipsoïde régulier, très long, pointu aux deux extrémités. Le son monte, aussitôt les. lèvres vocales se rapprochent ; comme étranglé sur un point, l'orifice semble divisé en deux parties ; le son monte encore, et arrive à la dernière limite du registre ; alors l'orifice de la glotte se réduit à une fente linéaire. La voix passe-t-elle au registre supérieur, — c'est la voix de tête ou de fausset, ainsi qu'on a eu coutume de l'appeler, — un curieux changement s'opère soudain dans la configuration de la glotte ; celle-ci apparaît exactement close en bas, ouverte en haut ; plus l'orifice devient étroit, plus le son s'élève. Le chanteur distingue les registres à l'oreille par le timbre, le physiologiste à la vue ; pour ce dernier, l'un des registres est la série des sons donnés par la glotte ouverte dans toute sa longueur, l'autre la série des sons donnés par la glotte ouverte dans une portion, restreinte. A cet égard, les résultats des premières recherches laissaient des incertitudes ; le docteur Mandl les a fait disparaître, tant il a multiplié les observations. Ce savant a le mérite d'avoir bien reconnu les dispositions de l'appareil vocal dans l'émission des notes graves ou aiguës, comme d'avoir prouvé, contre l'opinion trop aisément accréditée, que l'élévation ou l'abaissement du larynx n'exerce aucune influence sur la hauteur du son.

Tandis que l'orifice de la glotte se modifie, les lèvres vocales changent d'aspect ; elles se tendent, se raccourcissent, s'épaississent et vibrent toujours davantage lorsque la voix monte. La femme, ayant le larynx petit et les lèvres vocales relativement courtes, chante à un diapason supérieur à celui de l'homme, d'un timbre moins puissant, mais plus doux, plus uniforme, plus mélodieux. Dans l'exercice du chant, l'organe doit être souple pour obéir à la volonté. S'agit-il d'attaquer isolément les sons, il faut que de brusques mouvements de la glotte les détachent les uns des autres, de filer le son, il est nécessaire qu'à travers la glotte vibrante le courant d'air passe d'abord très faible, par degrés plus intense jusqu'à la moitié de la course et diminue d'une manière presque insensible. Pour tenir le son, il est indispensable que les lèvres vocales gardent pendant toute la durée une tension bien égale ; au moindre accident, la voix chevrote. Dans la transition d'un registre à l'autre, l'action des muscles se déplace, et l'habileté de l'artiste se dénote si le changement de mécanisme demeure inaperçu.

Les limites ordinaires de la voix comprennent environ deux octaves de l'échelle musicale ; par l'exercice, on les porte assez facilement à deux octaves et demie, l'étendue de trois octaves et surtout de trois octaves et demie est très exceptionnelle. Ainsi au commencement du siècle, la Catalani étonnait comme une sorte de prodige. Les voix classées d'après la hauteur, c'est pour l'homme : la basse, le baryton, le ténor ; pour la femme : le contralto, le mezzo-soprano et le soprano. Les basses ne descendent guère au-dessous du son de 173 vibrations, le soprano monte rarement au-dessus de la note de 2,069 vibrations. On cite pourtant des voix graves qui donnent la note de 87 vibrations et des voix aiguës qui atteignent celle de 2,784 vibrations. Les cantatrices les plus renommées de nos jours en offrent l'exemple [35]. Les divers types de la voix ne sont pas moins caractérisés par le timbre que par l'étendue. La voix présente de si nombreuses variétés, elle est tellement personnelle que la classification portée trop loin resterait souvent indécise. Une cause de nuances infinies dérive de l'intensité des harmoniques ; forte, elle rend la voix éclatante, mordante ; faible, la voix douce, sombre. Dans le larynx même et dans la trachée-artère se fait une résonance dont on n'a pu encore déterminer les effets. On doit des croire très notables chez les basses. Le fameux Lablache eût été un excellent sujet d'expériences pour les physiologistes.

Toutes les manifestations de l'appareil vocal bien constatées, l'explication de la naissance des sons de la parole et du chant obtenue, si l'on juge être en droit de s'enorgueillir de la science acquise, on éprouve encore dans l'état actuelle chagrin de ne pouvoir dire à quelles particularités de la conformation organique répondent les» différentes voix. Lorsque d'après des preuves certaines il a été affirmé que le son éclate d'autant plus aigu que les lèvres vocales ont moins de longueur, il faut s'arrêter dans l'affirmation. On suppose volontiers le larynx plus volumineux chez les basses que chez les ténors, chez le contralto que chez le soprano, mais à s'y fier on tombe dans l'erreur. On ne devine ni l'étendue, ni la qualité de la voix d'après la vue de l'instrument. L'élasticité, la souplesse, la contractilité des tissus doivent exercer une énorme influence sur les sons glottiques ; le moyen d'apprécier en quelle mesure se manifestent de telles propriétés n'est à la disposition de personne.

Dès l'âge où le larynx est parvenu à son entier développement, la voix a pris son caractère. aussi longtemps que subsistera l'activité de la jeunesse, elle le conservera sans modification très notable ; mais par l'exercice elle gagnera peut-être en intensité, elle pourra s'améliorer sous le rapport du timbre. Souplesse, agilité des organes s'acquièrent à la peine comme beaucoup d'autres biens. N'en trouve-t-on pas la preuve dans l'histoire de plus d'un chanteur ? Voilée, dure, affirme-t-on, était la voix de la jeune Marie Garcia ; ce fut un jour la voix délicieuse de la Malibran. En général cependant, les dons naturels de l'ordre physique se manifestent avant tout essai de culture. L'enfant ou l'adolescent doué d'un bel organe gazouille ainsi que l'oiseau pour s'amuser ; passe un ami de l'art, celui-ci écoute avec surprise ; charmé, séduit, il va promettre gloire et fortune à l'émule des pinsons et des fauvettes. Sans une aventure de ce genre, le fameux, ténor Rubini n'aurait sans doute jamais connu ni les triomphes, ni les violents désespoirs. Aux approches de la vieillesse, le jeu du larynx devient pénible, d'abord la voix baisse de ton, ensuite elle diminue d'intensité ; — le souffle au perdu de sa puissance. Parfois avant l'âge la maladie détériore l'instrument ; l'organe, demeurant intact en apparence, cesse de rendre un bon office, si par une circonstance l'action nerveuse est plus ou moins abolie. Au moyen de l'électricité, M. Mandl a pu pour un instant ranimer des voix éteintes. A la suite d'un travail de l'organisme, tout à coup telle cantatrice a vu disparaître sans retour une voix enchanteresse. Pareil malheur éveille le souvenir de Cornélia Falcon.

La musique n'a point pour tout le monde le même charme ; la plus belle inspire des ravissements ou cause la fatigue et l'ennui. Agissant sur la sensibilité nerveuse, elle produit, selon les individus, des impressions d'une étonnante diversité. Le chant plaît d'une manière beaucoup plus générale que la musique des instruments ; il touche parce qu'il semble répondre à des sentiments intimes de l'âme humaine, la tristesse, la joie, le bonheur. Aussi, dans sa forme primitive, il a des séductions même pour les esprits que les habitudes mondaines ont rendus indifférents aux choses simples de la nature. Au milieu de la campagne, lorsque descendent les ombres de la nuit, comme il est agréable d'entendre une voix fraîche et inculte ! En gravissant les rudes sentiers des Alpes, comme c'est plaisir d'écouter la chanson de la jeune bergère ou du pâtre qui trompe les heures de solitude !

Au sein de la civilisation, le chant n'est prisé qu'à la condition d'être un grand art ; lorsqu'il s'élève à cette dignité, il attire les foules. L'homme ou la femme, eu possession d'une des plus belles voix du monde, nourrissant la pensée d'exercer un charme, commence par aller à l'école. L'instrument, dont nous avons vu l'admirable mécanisme, n'obéit sûrement qu'après bien des efforts et de continuels exercices dirigés avec méthode. Il en est ainsi de tous les organes soumis à la volonté ; pour s'en convaincre, chacun a l'expérience de l'usage des mains. Habile dans le jeu du larynx et de la bouche, le chanteur ne tire encore de brillants effets d'une voix superbe qu'à force d'intelligence. De l'intelligence seule viennent l'expression, le goût, le style ; autant de qualités qui sont de la personne même. Feinte ou réelle, la sensibilité demeure toujours un élément de succès. On engage l'artiste à ne jamais rien prendre des passions qu'il exprime, car bientôt au trouble de l'âme succède l'extrême fatigue ; il peut parvenir, assure-t-on, à l'imitation parfaite, en conservant le calme de l'esprit ; pourtant l'émotion ressentie ne sera-t-elle pas toujours plus communicative ? A la représentation d'une grande œuvre lyrique, l'assistance fournit à l'observateur des sujets d'étude psychologique. Une partie de cette foule écoute presque avec indifférence ; elle est attachée, dominée par le spectacle ; le plaisir des yeux l'emporte, les perceptions auditives n'éveillent presque aucun sentiment. Des impressions d'une nature tout opposée se devinent aux attitudes du corps et au jeu des physionomies ; on reconnaît des amis passionnés de l'art, des gens qui le cultivent ou savent l'apprécier. Ils s'occupent bien des magnificences de la scène ! Séduits moins encore

Émile Blanchard

par le charme de la voix que par le talent qui se révèle sous divers aspects, ils prêtent une oreille attentive, et volontiers se fâchent en apercevant que le public n'a pas compris les finesses. Ainsi d'un côté, une sensibilité trop émoussée, de l'autre une trop grande activité de l'esprit, détournent l'effet ordinaire du chant sur l'organisme. Seule, la masse des spectateurs qui discerne vaguement les traits d'habileté de l'artiste s'abandonne à la jouissance des impressions, — plus ou moins vives, selon les individus ; — elle s'émeut à la voix qui donne des sensations douces ; aux accents de la passion, elle s'enivre. Certains vieillards, en parlant d'un chanteur ou d'une cantatrice qui florissait à une époque lointaine, témoignent par des tressaillements combien les émotions que procure une voix animée d'un souffle de l'âme peuvent laisser des souvenirs durables.

La parole est de nécessité, le chant affaire de plaisir ; l'homme est bien servi par la voix.

Section IV

Lorsqu'on a considéré la voix humaine dans ses manifestations si variées, la voix des animaux semble misérable. L'aboiement du chien, le miaulement du chat, le bêlement de la brebis, ne sauraient en vérité servir à constituer un langage bien étendu. Ces cris de bêtes nous fatiguent ; mais il ne faut pas oublier qu'ils retentissent pour d'autres oreilles que les nôtres. Seul, le ramage des petits oiseaux a le don de nous plaire ; il a des ressemblances qui procurent de douces illusions, il paraît exprimer des sentiments de notre propre nature, alors on l'aime. Depuis longtemps on a compris l'intérêt d'une comparaison de l'appareil vocal des animaux avec celui de l'homme ; on a conçu l'espérance d'expliquer toutes les voix par la structure des organes. Vers la fin du siècle dernier, un savant, un lettré qui fait honneur à la France, Vicq d'Azyr, se mit à l'œuvre ; les larynx d'une multitude d'êtres ayant été rassemblés pour l'étude, il les regardait avec une sorte d'enthousiasme ; l'observateur en attendait une révélation. « C'est un beau spectacle, s'écrie Vicq d'Azyr, que de voir d'un coup d'œil la disposition de ces instruments variés à l'infini, avec lesquels chaque animal produit des modulations qui lui sont propres et peut contribuer au grand concert de la nature ! »

Les caractères anatomiques de l'appareil vocal sont aujourd'hui assez bien étudiés dans la plupart des types de mammifères. Le larynx de ces animaux est construit sur le même plan que celui de l'homme ; chez les singes, la ressemblance est extrême. L'impossibilité de la parole est due, selon beaucoup d'apparence, à la conformation de la cavité buccale, des lèvres, de la langue. Les études des naturalistes, qui n'ont pas encore été dirigées de ce côté, n'autorisent nulle affirmation ; néanmoins la faculté pour quelques espèces de prononcer une ou deux syllabes donne de la force à une présomption. Ce vestige de la parole n'indique-t-il pas la faible étendue d'un pouvoir dont la trace même disparaît chez le plus grand nombre des espèces ? En 1715, le grand Leibniz annonçait à notre académie l'existence en Misnie d'un chien qui parle : « un chien de paysan, d'une figure des plus communes, et de grandeur médiocre. » Cette bête extraordinaire, docile aux leçons d'un enfant, avait, dit le narrateur, appris une trentaine de mots ; elle consentait à les répéter lorsque le maître les prononçait. L'historien de l'Académie des sciences déclare qu'il n'aurait pas la hardiesse de rapporter un pareil fait « sans un garant tel que M. Leibniz, témoin oculaire. » Malgré si haute garantie, c'est une fable, une pure illusion ; du chien le plus admiré pour son intelligence, il faudra toujours dire : « Il ne lui manque que la parole. » Étonnants imitateurs, les singes, condamnés à vivre dans la société des hommes, renonceraient-ils à essayer d'une conversation sans l'obstacle de la nature ? » On supposera que l'intelligence ne les porte pas vers ce genre d'imitation ; peut-être, mais en même temps, on doit le croire d'après les coïncidences habituelles chez les êtres, les organes ne se prêtent pas non plus à l'articulation. Autrement les singes, que nous entendîmes un jour appeler les candidats à l'humanité, ne resteraient pas, sous un rapport, bien inférieurs aux perroquets.

A défaut de la voix articulée, une sorte de langage préférable à la pantomime dont se servent les voyageurs jetés au milieu des tribus de sauvages, se constitue à l'aide de divers artifices. Chose vraiment curieuse et pleine d'intérêt, avant d'avoir reçu aucune instruction particulière, de jeunes sourds-muets ayant la vie commune, inventent très vite des moyens de se comprendre, et ils assurent si fortement ces moyens qu'ils ne se trompent guère sur les sentiments et les désirs exprimés par des gesticulations, des attouchements, des jeux de physionomie convenus. Les gens qui ont la douleur d'avoir plusieurs enfants privés de l'ouïe en rendent témoignage. L'exemple du concert qui s'établit entre les individus n'ayant pas l'usage de la parole reporte nécessairement la pensée aux actes de la vie de certains animaux. Les mammifères ont une voix susceptible d'inflexions et d'intonations plus ou moins variées suivant les espèces ; ils en usent

Émile Blanchard

pour se communiquer des appétits, des volontés, pour se lancer des appels, des avertissements. On répète souvent que les bêtes n'ont que des cris, c'est trop généraliser. Le chat dit *miao*, articulation très nette d'une consonne labiale et de trois voyelles ; le mot est bien formé, on croirait qu'il appartient à la langue chinoise. L'animal le prononce d'une infinité de manières ayant chacune sa signification. Espère-t-il faire venir de la compagnie, il dénonce sa présence d'une voix forte, retentissante ; demande-t-il son repas, réclame-t-il l'ouverture de la porte afin d'aller en promenade, il prend une voix douce, traînante ; c'est bien l'accent de la prière. Que la réponse tarde, le ton s'élève et trahit l'impatience. Il y a ce *miao* lent et faible que l'on traduit en français : comme je m'ennuie ! encore ce *miao* caressant, plein de jolies modulations, où se révèle le désir de plaire. Le chat dit aussi très-clairement *ronron*, un vrai mot formé de trilles et de nasales ; la langue et le voile du palais exécutent les mouvements que nous connaissons par notre propre expérience. Ce *ronron* est tantôt un petit remerciement, tantôt la manifestation d'une grande joie. Mû par le sentiment d'inimitié contre un individu de sa race ou jaloux d'une rivalité, l'animal qu'on accuse d'avoir trop l'indépendance du cœur siffle et gronde sur divers modes au visage de l'adversaire, formulant ainsi des menaces et des imprécations. Dominé par l'amour, le matou tire du langage dont il dispose une surprenante richesse d'expressions ; tandis que la petite chatte miaule en vraie coquette, il enfle la voix, il module et traîne les sons ; le *miao* résonne comme une plainte douce, le *ronron* comme un frémissement de bonheur ou de passion ; mais il faudrait être chat soi-même pour tout interpréter.

Les mammifères capables d'articuler des syllabes ne sont pas nombreux ; les brebis font retentir invariablement ce *bê* monotone qui n'a rien d'agréable, tant il paraît dénoter la stupidité de l'animal. Il est intéressant néanmoins de constater cette explosion particulière de la voix ; elle a pour cause des lèvres saillantes et charnues. Des gibbons de l'île de Java, voulant effrayer, crient avec fureur : *ra-ra* ; pour les animaux en général, les sons gutturaux semblent plus faciles à émettre que tous les autres. Le chien, si bien doué sous le rapport de la mémoire, des sentiments affectueux, de l'intelligence, n'a que des cris ; il aboie. De courtes et brusques expirations de l'air à travers la glotte produisent cette voix si connue qui éclate par saccades ; le jappement n'en est que la forme adoucie ; — c'est pour exprimer la joie. Le hurlement vient d'une expiration prolongée et d'une forte résonance dans le pharynx ; il est suscité par un profond chagrin, une vive douleur. Les chiens manifestent leurs désirs plus encore par les frétillements du corps, par le jeu de la physionomie, par les attouchements du museau que par la voix. Entre eux, ils paraissent communiquer à merveille quand il s'agit d'organiser une expédition ; ils s'avertissent de la présence d'un objet de leur goût. Nous vîmes une fais au milieu d'un pré, loin des habitations, le corps d'un bœuf écorché, qui fut plusieurs jours absolument délaissé. Un chien solitaire, attiré sans doute par l'odeur, vint se repaître, et retourna dans le village prévenir ses connaissances de la trouvaille ; moins d'une heure après, le cadavre était dépecé à belles dents, par une énorme bande de chiens.

Les occasions d'étudier le langage des bêtes en état de liberté sont rares ; tous les animaux fuient l'homme, ce qui est de leur part une grande sagesse. Captifs, privés de communication avec des semblables, ils deviennent silencieux ou se contentent de jeter quelques cris ou de faire entendre quelques murmures. Si un être humain pouvait être retenu prisonnier dans une famille de chimpanzés, il serait réduit aux ; mêmes extrémités. Les voyageurs ont parfois observé des singes bien à portée de la vue et de l'oreille, toujours ils se sont aperçus que les différentes explosions de la voix avaient chacune sa signification dans les moments où le concert doit s'établir entre les individus. Les cercopithèques, gracieux, gais, mir gnons entre tous les singes de l'Afrique, se réunissent par groupes plus ou moins nombreux. Ayant pour demeures habituelles les branches des arbre9, ils descendent à terre avec beaucoup de méfiance et seulement pour aller à la maraude. Lorsqu'une expédition est préméditée, la bande des cercopithèques marche sous la conduite d'un chef, — toujours un vieux mâle qui a l'expérience des hommes et des bêtes. La troupe s'ébranle d'abord avec prudence, en passant sur les hautes branches des arbres ; par intervalles, le chef grimpe sur une des cimes les plus élevées, et du regard sonde l'espace. Satisfait, il le marque par des sons gutturaux, la compagnie se montre tranquillisée ; inquiet, soupçonnant ou apercevant le danger. Il jette un cri spécial ; à l'avertissement, nul ne se trompe ; aussitôt la bande rebrousse en désordre. Les pillards arrivent sur les arbres les plus, voisins de la campagne découverte et ils sautent à terre. Alors commence un abominable massacre des sorghos ou des maïs. Les sajous, ces gentils petits singes de l'Amérique du Sud, hôtes de toutes les ménageries, donnent aussi la preuve des ressources de la voix inarticulée pour communiquer entre animaux. Un jour, le naturaliste Rengger, errant à la lisière d'une forêt du Brésil, se prit à contempler

Émile Blanchard

les gambades d'une famille de sajous ; un individu s'étant isolé des autres, découvre un oranger chargé de fruits mûrs. Sans prendre la peine de se retourner, il fait entendre de petits cris et part comme une flèche ; la société avait compris ; en un instant elle fut réunie sur l'arbre, tout heureuse de savourer les belles oranges. Si les hommes n'avaient point la parole articulée, à l'aide de sons ou de cris variés par l'intonation, l'intensité, la résonance et diversement combinés, ils ne seraient nullement en peine de construire un langage. Un tel idiome ne pourrait sans doute jamais valoir les langues d'Homère, de Dante, de Shakspeare ou de Bossuet ; mais il suffirait à tous les besoins essentiels de la vie. Qu'on arrête la pensée sur ce mode de communication imaginaire, mais pourtant réalisable, on concevra l'idée du langage plus ou moins restreint des animaux.

Chez les mammifères, les sons de la voix diffèrent considérablement sous le rapport de la puissance, de la hauteur comme du timbre ; dans une certaine mesure, les particularités de conformation du larynx permettent d'expliquer les causes. Les bêtes à cornes ont des lèvres vocales lâches, peu saillantes, elles ne doivent jamais, ni beaucoup se rapprocher, ni vibrer avec une grande force ; elles ne donnent que des sons graves ; c'est le mugissement du bœuf. Les rongeurs, lapins, lièvres, écureuils et souris, ayant des cordes vocales minces et tranchantes émettent des cris aigus. Des espèces de plusieurs groupes de mammifères ont des poches aériennes qui s'ouvrent à l'intérieur du larynx et procurent une résonance extraordinaire. Quelques singes se font remarquer par l'énorme développement de ces poches ; ils ont une voix des plus retentissantes. Les singes hurleurs, qu'on appelle aussi les stentors, habitants des plus sombres forêts du Nouveau-Monde, poussent des hurlements qui s'entendent, au dire de Humboldt, de la distance d'un kilomètre et demi ; encore davantage suivant d'autres voyageurs. Chez l'éléphant, les cartilages latéraux du larynx ne peuvent se toucher : les cordes vocales ayant une direction oblique, paraissent peu susceptibles d'une extrême tension ; de là une voix sourde, pourtant très puissante. Si l'on parvenait à observer le jeu du larynx des animaux pendant l'émission des cris, tout de suite on serait avisé d'actions de la glotte fort curieuses et très instructives. La difficulté semble presque insurmontable, car il faut peu compter sur la bonne volonté des bêtes ; néanmoins M. Mandl, plein de confiance dans son habitude de l'emploi du laryngoscope, ne désespère nullement de réussir ; il sait qu'à force de patience on surmonte de terribles obstacles.

Après l'homme, entre tous les êtres animés, les oiseaux occupent le rang le plus distingué dans le concert de la nature ; ils égaient les campagnes, les bois, les jardins d'une infinité de petits cris et de gazouillements qui font rêver le bonheur de la vie. Les délicieux ramages et les chansons d'un charme sans pareil sous les futaies ont invité plus d'une fois les naturalistes à entreprendre l'étude de la structure et du mécanisme de l'instrument magique dont disposent de mignonnes créatures. George Cuvier a découvert le point précis où se forme la voix. Les oiseaux ont deux larynx, l'un au sommet de la trachée-artère, l'autre à la base. Ce dernier seul engendre les sons, le premier n'agit que par la résonance. Une facile expérience le prouve : que l'on coupe la trachée-artère dans le milieu, la voix ne cessera de se produire. L'organe vocal se montre sous les apparences d'une caisse que les anatomistes désignent sous le nom de tambour. Il est formé des derniers anneaux de la trachée et des premiers anneaux des bronches. Le plus souvent le larynx est divisé dans sa portion inférieure, tantôt par l'angle de réunion des tuyaux bronchiques, tantôt par une lame osseuse servant de point d'attache à une membrane qui s'élève du bord interne de chacun de ces tuyaux et limite la glotte avec une saillie opposée dont le bord est élastique. Ainsi deux lèvres remplissent le rôle de cordes vocales ; elles se tendent ou se relâchent par l'action d'un appareil de muscles ou très simple ou très compliqué. La variété des aptitudes vocales, immense chez les oiseaux, répond à une très grande diversité dans les détails de la structure du larynx et dans la conformation de la trachée-artère.

Amis de la société, les perroquets vivent en troupes nombreuses sous les plus beaux climats du monde, ont un besoin de bavardage que ne diminue en aucune façon la captivité. Plusieurs individus se trouvant réunis, semblent parfois se livrer à d'interminables conversations. Attentifs à toutes les voix, même à tous les bruits, les perroquets les imitent avec une étonnante facilité ; aussi aisément ils imitent la parole articulée des hommes, et ce phénomène reste encore inexplicable. Le jeu de la langue a sans doute une part importante dans l'articulation des sons, mais la nature des résonances conduit à soupçonner une activité particulière du larynx supérieur. Des recherches entreprises à ce sujet ne tarderont peut-être pas à répandre un certain jour sur une des plus singulières aptitudes dont les animaux offrent l'exemple. On croit généralement les perroquets incapables d'attacher un sens aux phrases qu'ils ont apprises ; ce n'est pas la vérité absolue. Dans certaines circonstances, des individus doués sous le rapport de l'intelligence et pourvus d'une excellente instruction, adressent par des mots une demande, des appels dont ils attendent un résultat prévu ; à une question, à un signe, ils donnent la réponse convenable. Il a paru naturel de supposer que les perroquets devaient le pouvoir de parler à la conformation spéciale de la langue ; on doute, en entendant les pies, les merles, les sansonnets. Ces oiseaux ont une langue mince, et ils n'éprouvent nulle peine à produire tous les sons articulés ; ce fait ajoute une force à l'idée d'une action du larynx supérieur. Un sansonnet remarquable par son talent de parole que nous eûmes l'occasion d'observer, connaissait très bien la valeur de plusieurs mots ; en bon français, il exprimait des désirs et les battements d'ailes achevaient de les témoigner. La gracieuse bête aimait à se baigner, et souvent elle réclamait de l'eau ; en voyant prendre le carafon, elle criait : Viens vite, viens vite ! avec une énergie toujours croissante, si on la faisait attendre.

La plupart des petits oiseaux ont des cris d'appel, des cris de joie ou de frayeur, des cris de guerre ; toutes ces explosions de la voix empruntant les sons de voyelles et de consonnes montrent combien l'articulation est facile et naturelle chez ces créatures. Les espèces qui se distinguent par le chant ont l'appareil vocal très, compliqué ; mais cette simple constatation est insuffisante pour expliquer le jeu du gosier. Par l'ensemble des qualités de la voix, la puissance, l'éclat, la douceur, les rossignols surpassent tous les autres chanteurs des bois. Les notes se succèdent ou alternent gaies ou plaintives, toujours mélodieuses ; les roulades se renouvellent toujours charmantes. Les rossignols n'acquièrent le talent qu'après beaucoup d'exercice ; les jeunes sujets sont en général assez médiocres ; seuls, des individus favorisés par les dons de la nature élèvent l'art à sa plus haute expression. Chez tous les mignons oiseaux des bois, les mâles seuls possèdent une belle voix ; ils chantent pour captiver des compagnes qui ne peuvent entrer en lutte pour le talent. Silencieux pendant une grande partie de l'année, lorsque vient la saison des amours, l'activité nerveuse s'exalte, le sang afflue vers les organes de la voix ; pinsons, rossignols et fauvettes prennent ou retrouvent la faculté de chanter. Un peu plus tard nous reviendrons sur la voix des oiseaux, alors nous aurons obtenu de l'investigation scientifique : de nouvelles lumières.

Notes

1.   Traité du larynx et du pharynx, in-8°. Paris 1872. — Hygiène de la voix parlée et chantée. Paris 1876.

2.   Le cartilage annulaire est le cartilage cricoïde des anatomistes ; le bouclier, le cartilage thyroïde ; les cartilages latéraux ou le bec d'aiguière les arythénoïdes ; la petite lame qu'ils supportent, les cartilages de Santorini.

3.   De chaque côté, entre les cordes vocales supérieures et les cordes vocales inférieures, se trouve une large cavité. On donne à ces cavités le nom de ventricules de Morgagni.

4.   (grec) désignait l'anche. La comparaison de Galien nous apprend que la flûte antique avait une double anche.

5.   L'épiglotte ne s'applique pas, comme le nom semble l'indiquer, sur l'orifice de la glotte, qui est situé plus bas, mais sur l'orifice supérieur du larynx.

6.   Observations on the humain voice ; — in Proceedings of the Royal Society of London, vol. VII.

7.   Toutes les variétés de l'instrument sont décrites dans l'ouvrage de M. Mandl, Traité du larynx, et dans l'article Laryngoscope, de M. Krisbaber, Dictionnaire encyclopédique des Sciences médicales.

8.   Lorsqu'on prononce les voyelles a, e, i, le diamètre de la cavité pharyngo-buccale se raccourcit, et le diamètre transversal augmente ; c'est exactement le contraire pour les voyelles o, ou, u.

9.   In, an, on, un.

10.   Lectures on the Scients of language, London 1864.

11.   L'aspiration, l'esprit rude des Grecs, s'exprime par notre h aspiré.

12.   C'est l'aïn des Arabes.

13.   F, s, r.

14.   B, p, ensuite v.

15.   M et n.

16.   C'est d, t, d'autre part g, k.

17.   Z, j, v, s.

18.   B, p, d, t, g, k, x.

19.   B, d, g, en opposition avec p, t, k.

20.   L et r.

21.   Les sh et th anglais, le ch allemand, les tch russes.

22.   On peut à cet égard consulter : Ernst Brücke, Grundzüge der Physiologie und Systematik der Sprachlaute für Linguisten

und Taubstummenlehrer, Wien 1855 ; Max Müller, Lectures on the science of language, London 1864 ; Joh. Czermak, Populäre physiologische Vortrüge, Wien 1869, etc.

23.   Abecedario demonstrativo ; — Réduction de las letras y arte para enseñar a hablar los mudos, in-4°, 1620.

24.   Voyez, dans la Revue du 1er avril 1873, l'Institution des sourds-muets, par M. Maxime Du Camp

25.   Voyez une intéressante notice de M. Félix Hément : Jacob Rodrigues Pereire, premier instituteur des sourds-muets en France. Paris 1875.

26.   L'institution fondée à Paris, avenue de Villiers, 94, par MM. Pereire, est dirigée par M. Magnat, auteur d'un Cours d'articulation pour l'Enseignement de la parole articulée aux sourds-muets. Paris 1874.

27.   A Londres, dans des conférences publiques, M. John Tyndall a plusieurs fois répété l'expérience. — Voyez de cet auteur l'ouvrage intitulé le Son, — On comprend que dans les automates un couvercle mobile remplace la main pour la fermeture du tuyau.

28.   Mechanismus der menschtichen Sprache, Wien 1791.

29.   F, s, z et i, r.

30.   Voyage au pôle sud et dans l'Océanie, sous le commandement de M. Dumont-d'Urville. — Anthropologie, par M. Emile Blanchard. Paris 1854.

31.   L pour r, — Eulope au lien d'Europe.

32.   Les d par les g, les t par les k. — Ce changement de prononciation n'est pas rare dans quelques-unes de nos campagnes.

33.   Statistique décennale du bégaiement en France, par Chervin aîné, Lyon 1866.

34.   La mémoire et la faculté de coordination des mots dépendent du cerveau. On sait, depuis les recherches de M. Broca, que ces facultés se perdent par suite d'une lésion de la troisième circonvolution frontale du côté gauche.

35.   En général, la voix de basse va du fa 1 = 173 vibrations au ré 8 = 580 vibrations ; celle de baryton, du la 1 = 217 -vibrations au fa 8 = 690 vibrations ; celle de ténor du ré 2 = 290 vibrations au si 3= 976 vibrations ; celle de contralto du sol 2 = 387 vibrations au fa 4 = 1381 vibrations ; celle de mezzo-soprano du si 2 = 488 vibrations au la 4 = 1740 vibrations ; celle de soprano de l'ut 8 = 517 vibrations à

l'ut 5 = 2069 vibrations.

ISBN : 978-1547063048

Émile Blanchard